ESSAI

DE

TRIGONOMÉTRIE SPHÉRIQUE,

TRAITÉE D'APRÈS UN NOUVEAU PLAN

PAR JOAQUIM-MARIA **D'ANDRADE,**

Docteur ès Sciences, Professeur de la Faculté de Mathématiques à l'Université de Coïmbre, Directeur de l'Observatoire de la même Université, Correspondant de l'Académie Royale des Sciences de Lisbonne, etc.

TRADUIT DU PORTUGAIS

PAR

GUILHERME J. A. D. PEGADO,

Docteur ès Sciences, Professeur de Mathématiques et Membre de l'Observatoire à la même Université, et démontrant les Mathématiques à Brest, pendant son émigration.

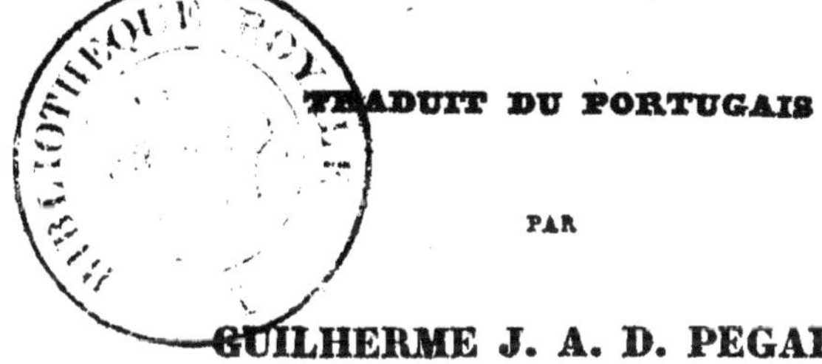

BREST,

DE L'IMPRIMERIE DE ROZ,

RUE DU CHATEAU, N° 44.

Septembre 1833.

Préférez dans l'enseignement les méthodes générales, et vous verrez qu'elles sont presque toujours les plus faciles.

LAPLACE, séan. des écol. norm.

Le choix entre les méthodes n'est plus douteux pour tous ceux qui connaissent l'étendue de la science. Si l'on regrette les méthodes synthétiques, parce qu'on croit y trouver plus d'évidence, on ne peut pas de bonne foi les préférer aux méthodes analytiques, qui sont plus fécondes, et d'après lesquelles sont rédigés les écrits des géomètres de notre temps, qu'il faut nécessairement étudier, dès qu'on veut s'élever au-delà des élémens.

LACROIX, essai sur l'enseignement.

PRÉFACE DE L'AUTEUR.

——

Chargé d'expliquer le *Traité d'Astronomie de* Biot à des élèves qui n'étaient pas encore initiés aux élémens de la Trigonométrie Sphérique, que ce traité suppose connus, il m'a fallu suppléer à ce défaut, et de là est résulté le présent *Essai*. (*)

Hésitant sur la méthode d'après laquelle j'exposerais mes idées sur ce sujet, il m'a semblé qu'elles seraient mieux classées et plus aisément gravées dans l'esprit des commençans, si je déduisais tout le traité des triangles sphériques d'un seul théorème fondamental

———

(*) La quatrième section du Cours de Mathématiques à l'Université de Coimbre se compose de *l'Astronomie Pratique et de l'Astronomie Théorique*. L'excellent ouvrage de M. Biot avait été adopté de mon temps pour servir de texte aux leçons de la première des deux branches susdites, le système oral n'étant pas admis dans nos écoles normales ; et la *Mécanique Céleste*, par Laplace, a été toujours l'ouvrage adopté pour la seconde, ou pour mieux dire une chaire a été créée à l'Université, sous le rectorat du célèbre astronome Monteiro-da-Rocha, ayant pour but spécial l'enseignement de la *Mécanique Céleste*, par Laplace, ouvrage immortel et monument le plus éclatant de la capacité de l'esprit humain. Les leçons de l'Astronomie Pratique commencent par celles de la Trigonométrie Sphérique.   (*Note du traducteur.*)

de la Géométrie, en lui appliquant le langage et les artifices de l'Algèbre ; en sorte que les divers théorèmes subséquens ne parussent qu'autant de conséquences du premier.

Cette méthode m'a conduit immédiatement aux quatre équations dans lesquelles la résolution générale des triangles sphériques est contenue. Cela fait, il ne me restait plus rien pour compléter ce sujet, que de résoudre chacune des quatre équations par rapport à chacun des quatre élémens qui y entrent.

De plus, comme dans ces quatre équations les six parties du triangle se trouvent combinées de toutes les manières possibles, on ne doit pas s'étonner que toutes les propriétés des triangles sphériques y soient de même comprises. Aussi, j'ai tâché de les en faire déduire, persuadé que je conserverais mieux de la sorte l'unité du plan qu'en imaginant des constructions et des démonstrations singulières et détachées.

Quoique la méthode que j'ai suivie ne soit pas tout-à-fait nouvelle, cependant, comme elle n'est pas celle qu'on suit communément, j'ai jugé à propos d'essayer l'effet qu'elle produirait dans l'enseignement effectif de la Trigonométrie Sphérique, en la proposant à mes élèves en octobre 1823. Et, en effet, l'expérience m'a fait voir, depuis lors jusqu'à présent, que non-seulement ils comprenaient aisément le plan de l'ouvrage, mais qu'après la première ou la seconde leçon, ils étaient en état de résoudre un triangle sphérique quelconque, quel que soit le cas ; de manière qu'ils pourraient tout de suite passer, sans inconvénient ? aux notions de l'Astronomie, si je ne jugeais convenable de raffermir leurs idées par quelques amplifications et exemples contenus dans le même *Essai ;* d'aider leur mémoire avec les *belles règles mnémoniques de* Neper, et de leur exposer enfin la doctrine des *analogies différentielles ,* si intéressantes dans la pratique de l'Astronomie.

Encouragé par cette épreuve, je me suis décidé à publier cet *Essai* pour l'avantage de mes élèves, à qui il est proprement destiné, dans l'espoir qu'ils l'accepteront avec la même indulgence avec laquelle ils ont l'habitude de m'écouter.

PRÉFACE DU TRADUCTEUR.

———

Mon maître, et après mon confrère et mon ami, feu M. J. M. d'Andrade, composa en 1823 l'ouvrage dont je publie aujourd'hui la traduction, et, en 1827, il le présenta à l'Académie Royale des Sciences de Lisbonne, sous le modeste titre d'*Essai de Trigonométrie Sphérique, pour servir d'introduction à l'Astronomie Physique de* Biot. En 1828, l'Académie osa en ordonner l'impression, malgré le nom d'un proscrit porté sur son frontispice. Grâce à cet acte téméraire de nos académiciens, cet ouvrage est parvenu à la connaissance d'autres que des anciens élèves de l'auteur, et il n'aura pas ainsi le sort de plusieurs de ses précieux travaux inédits, que le sac de Coïmbre ou le fisc aura réduits au néant.

Depuis que je démontre les Mathématiques à Brest, toutes les fois que j'arrivais à la Trigonométrie Sphérique, je pensais alors plus particulièrement à l'exposition simple, concise, lumineuse et toujours rigoureuse de M. Andrade; mais je n'ai pu parvenir qu'à me rappeler les *règles mnémoniques de* Neper, dont mes élèves se sont bien plu, et ce n'est que depuis quelques semaines que j'ai pu avoir cet Essai entre les mains. Après l'avoir traduit, j'y aurais inséré quelques observations pour ne laisser rien à désirer aux commençans, mais je n'ai plus le temps de le faire en France. Il ne m'en reste d'autre que pour faire connaître dans une langue savante et presque universelle le nom de l'auteur de cette Trigonométrie, qu'on peut bien appeler *Trigonométrie Analytique.* Outre ce devoir acquitté envers mon ancien maître, dont j'admire encore les talens et les vertus, je veux laisser, en quittant la France, un souvenir à mes élèves, c'est-à-dire à cette partie de la jeunesse française qui a contribué à me faire trouver dans mon exil un pain honnête et tranquille.

ESSAI

TRIGONOMÉTRIE SPHÉRIQUE.

L**A** *Trigonométrie Sphérique* a pour objet la *Résolution des Triangles sphé-*
riques, c'est-à-dire *la connaissance de toutes les parties d'un triangle sphérique,*
étant données celles qui suffisent pour le déterminer.

2. *Triangle sphérique* est la portion de la surface d'un hémisphère comprise par
deux arcs de grands cercles, coupés par un troisième, avant leur réunion à
180 degrés.

PRINCIPES POUR LA RÉSOLUTION DES TRIANGLES SPHÉRIQUES.

3. Soit K le centre de la sphère sur laquelle le triangle ABC est tracé ; menez
AP, AQ, tangentes, aux arcs respectifs AB, AC : PK, QK seront les sécantes
de ces mêmes arcs, et l'angle PAQ mesurera l'inclinaison des deux plans ABK,
ACK, ou l'angle sphérique BAC. Si l'on tire PQ, et si l'on suppose chacun des
côtés plus petit que 90°, vous aurez, d'après le théorème connu de la Trigonométrie Rectiligne,

$$PQ^2 = AP^2 + AQ^2 - 2\,AP.\,AQ.\,\text{Cos. PAQ.}$$

Dans le triangle KPQ on aura pareillement

$$PQ^2 = PK^2 + QK^2 - 2\,PK.\,QK.\,\text{Cos. PKQ.}$$

Faites, pour abréger,

$$\text{les angles} \begin{cases} BAC = a, \\ ABC = b, \text{ et les côtés opposés,} \\ ACB = c, \end{cases} \begin{cases} BC = a' \\ AC = b' \\ AB = c' \end{cases}$$

Fig. 1.

1

On aura

$$AP = \text{tg. } AB = \text{tg. } c' \, ; \quad AQ = \text{tg. } b' \, ; \quad PK = \text{séc. } c' \, ; \quad QK = \text{séc. } b' \, ;$$
$$PAQ = a \, ; \quad \cos. PKQ = \cos. BC = \cos. a'.$$

Substituant ces valeurs dans les équations précédentes, on aura

$$PQ^2 = \text{tg.}^2 \, c' + \text{tg.}^2 \, b' - 2 \, \text{tg. } c' \, \text{tg. } b' \cos. a = \text{séc.}^2 \, c' + \text{séc.}^2 \, b' - 2 \, \text{séc. } c'$$
$$\text{séc. } b' \cos. a'' ;$$

ou bien, parce que $\quad\quad\quad\quad\quad\quad\quad$ séc.^{2} — tg.^{2} = 1.

$$\text{tg. } c' \, \text{tg. } b' \cos. a = \text{séc. } c' \, \text{séc. } b' \cos. a' - 1.$$

Multipliant cette équation par cos. b' cos. c', et observant que cos. séc. = 1, on aura enfin

$$\cos. a = \frac{\cos. a' - \cos. b' \cos. c'}{\sin. b' \sin. c'}$$

Pour les angles b, c, il est clair qu'on aura des formules semblables ; et en les réunissant toutes les trois, nous aurons

$$\left.\begin{aligned}
\cos. a &= \frac{\cos. a' - \cos. b' \cos. c'}{\sin. b' \sin. c'} \\[2mm]
\cos. b &= \frac{\cos. b' - \cos. a' \cos. c'}{\sin. a' \sin. c'} \\[2mm]
\cos. c &= \frac{\cos. c' - \cos. a' \cos. b'}{\sin. a' \sin. b'}
\end{aligned}\right\} \quad \ldots \ldots (I).$$

4. Vu le rapport qui existe entre le sinus et le cosinus d'un arc quelconque, nous ne devons considérer dans ces équations que six quantités réellement distinctes, fonctions d'autant de parties dont le triangle se compose, et propres à les représenter. Et puisqu'au moyen de trois équations on peut éliminer deux des six quantités qu'elles renferment, on aura pour résultat une équation entre les quatre autres quantités, dont l'une quelconque sera déterminée, étant connues les trois autres. Il suit de là :

5. 1°. Qu'un triangle sphérique peut être déterminé par trois quelconques de ses parties ;

6. 2°. Que dans ces trois équations est renfermée toute la Trigonométrie Sphérique, attendu que, par leur moyen, on peut déterminer une partie quelconque du triangle, en étant données trois ;

7. 3°. Qu'il ne peut y avoir plus d'équations réellement distinctes, entre les six parties d'un triangle sphérique, que l'on n'en peut former de combinaisons en les prenant quatre à quatre, lesquelles sont évidemment les suivantes : PREMIÈRE, *les trois côtés et un angle* ; DEUXIÈME, *deux côtés et les deux angles opposés* ; TROISIÈME, *deux côtés, l'angle compris, et un côté opposé* ; QUATRIÈME, *les trois angles et un côté.*

Tâchons d'exprimer chacune d'elles.

8. Pour ce qui concerne la première combinaison, il est clair qu'elle est représentée par l'une quelconque des équations (I).

9. Pour former la seconde, on pourrait, par exemple, éliminer c' au moyen des deux premières de ces équations, et il en résulterait une entre les deux côtés a', b' et les deux angles opposés ; mais il est plus commode de les transformer en les suivantes, qui facilitent l'élimination et sont plus propres au calcul logarithmique :

On a
$$\cos. a = \frac{\cos. a' - \cos. b' \cos. c'}{\sin. b' \sin. c'}$$

On aura
$$2 \sin.^2 \tfrac{1}{2} a = 1 - \cos. a \; (^*) = \frac{\sin. c' \sin. b' + \cos. c' \cos. b' - \cos. a'}{\sin. b' \sin. c'}$$

$$= \frac{\cos. (c' - b') - \cos. a'}{\sin. b' \sin. c'}$$

D'où (126)
$$\sin.^2 \tfrac{1}{2} a = \frac{\sin. \left(\dfrac{a' + c' - b'}{2} \right) \sin. \left(\dfrac{a' + b' - c'}{2} \right)}{\sin. b' \sin. c'}$$

On aura de même
$$\cos.^2 \tfrac{1}{2} a = \frac{1 + \cos. a}{2} = \frac{\sin. \left(\dfrac{a' + b' + c'}{2} \right) \sin. \left(\dfrac{b' + c' - a'}{2} \right)}{\sin. b' \sin. c'}$$

D'où l'on tire (110)
$$4 \sin.^2 \tfrac{1}{2} a . \cos.^2 \tfrac{1}{2} a =$$

$$\mathrm{Sin.}^2 a = \frac{4 \sin. \left(\dfrac{a'+b'+c'}{2} \right) \sin. \left(\dfrac{a'+b'-c'}{2} \right) \sin. \left(\dfrac{a'+c'-b'}{2} \right) \sin. \left(\dfrac{b'+c'-a'}{2} \right)}{\sin.^2 b' \sin.^2 c'}$$

Faisant, pour abréger, le numérateur de cette fraction $= N^2$, et extrayant la racine, vous aurez
$$\sin. a = \frac{N}{\sin. b' \sin. c'}$$

On aura pareillement
$$\sin. b = \frac{N}{\sin. a' \sin. c'}, \quad \sin. c = \frac{N}{\sin. a' \sin. b'},$$

puisque N ne peut manquer d'être le même dans les deux valeurs de sin. b,

---

(*) Voyez à la fin, dans la *Collection des Formules les plus usitées de la Trigonométrie*, n°. 132.

sin. c ; car il renferme toutes les combinaisons que la permutation des côtés saurait admettre.

10. Comparant ces valeurs deux à deux, on aura

$$\frac{\sin. a}{\sin. a'} = \frac{\sin. b}{\sin. b'} = \frac{\sin. c}{\sin. c'} \quad \ldots \ldots \ldots \ldots (\mathrm{II}),$$

équations qui expriment la relation désirée entre deux angles et les côtés opposés. (*)

11. Pour trouver l'équation qui satisfait à la troisième combinaison, on éliminera cos. b', au moyen des deux premières des équations (I), et on aura d'abord

$$\cos. a \sin. b' + \cos. b \cos. c' \sin. a' - \sin. c' \cos. a' = 0 ;$$

puis, remplaçant sin. b' par sa valeur (10) $\dfrac{\sin. b \sin. a'}{\sin. a}$, on aura

$$\cos. b \cos. c' + \sin. b \cot. a - \sin. c' \cot. a' = 0. \ldots \ldots \ldots (\mathrm{A})$$

équations entre deux côtés a', c', l'angle compris b et l'opposé a.

Si l'angle opposé était c, il est clair qu'on aurait pareillement, en changeant a en c, et a' en c',

$$\cos. b \cos. a' + \sin. b \cot. c - \sin. a' \cot. c' = 0. \ldots \ldots \ldots (\mathrm{A'})$$

Appliquant les équations (A), (A') à chacun des angles du triangle, pour en faciliter l'usage, nous aurons les équations suivantes, qui reviennent toutes à (A)

$$\left.\begin{array}{l}
\cos. b \cos. c' + \sin. b \cot. a - \sin. c' \cot. a' = 0 \\
\cos. a \cos. b' + \sin. a \cot. c - \sin. b' \cot. c' = 0 \\
\cos. c \cos. a' + \sin. c \cot. b - \sin. a' \cot. b' = 0
\end{array}\right\} \ldots \ldots (\mathrm{III})$$

$$\left.\begin{array}{l}
\cos. b \cos. a' + \sin. b \cot. c - \sin. a' \cot. c' = 0 \\
\cos. a \cos. c' + \sin. a \cot. b - \sin. c' \cot. b' = 0 \\
\cos. c \cos. b' + \sin. c \cot. a - \sin. b' \cot. a' = 0
\end{array}\right\} \ldots \ldots (\mathrm{III\,a})$$

12. Pour obtenir enfin la relation entre les *trois angles et un côté*, nous remarquerons que

$$\sin. c' \cot. a' = \sin. c' \frac{\cos. a'}{\sin. a'} = \cos. a' \frac{\sin. c}{\sin. a} \ (10);$$

et que, pareillement, $\quad \cot. c' \sin. a' = \cos. c' \dfrac{\sin. a}{\sin. c}.$

Remplaçant ces valeurs dans les premières des équations (III) et (III a), il en résultera les deux suivantes :

$$\cos. b \cos. c' + \sin. b \cot. a - \cos. a' \frac{\sin. c}{\sin. a} = 0,$$

$$\cos. b \cos. a' + \sin. b \cot. c - \cos. c' \frac{\sin. a}{\sin. c} = 0;$$

et éliminant $\cos. c'$, au moyen de ces deux équations, nous aurons enfin

et pareillement pour les autres côtés
$$\left\{\begin{array}{l} \cos. a' = \dfrac{\cos. a + \cos. b \cos. c}{\sin. b \sin. c} \\[2mm] \cos. b' = \dfrac{\cos. b + \cos. a \cos. c}{\sin. a \sin. c} \\[2mm] \cos. c' = \dfrac{\cos. c + \cos. a \cos. b}{\sin. a \sin. b} \end{array}\right\} \quad (IV),$$

équations entre les *trois angles et un côté quelconque* analogues aux équations primitives (I).

13. Les équations (I), (II), (III), (IV) exprimant toutes les combinaisons qu'admettent les six parties d'un triangle sphérique, prises quatre à quatre, il ne reste qu'à résoudre chacune d'elles par rapport à chacune des quatre quantités qui y entrent, pour avoir la résolution générale des triangles sphériques, en tous les cas possibles.

C'est ce que nous allons faire.

RÉSOLUTION GÉNÉRALE DES TRIANGLES SPHÉRIQUES.

14. Puisqu'il faut connaître préalablement *trois* parties d'un triangle ; quand on en demande *une*, pour que le triangle soit déterminé et résolvable (5), il s'ensuit que, quelle que soit la question qu'on se propose, il y doit entrer toujours quatre quantités, qui seront déterminées comme il suit :

PREMIER CAS.

LORSQU'IL ENTRE DANS LA QUESTION TROIS COTÉS ET UN ANGLE.

---

15. Soit PZE le triangle qu'on a à résoudre. J'écris a à l'angle de la question; b, c aux deux autres, indifféremment. Les côtés opposés deviennent aussitôt indiqués, car ils sont exprimés par les mêmes lettres accentuées.   Fig. 2

Si l'on cherche a, on a, par la première des équations (I),

$$\cos. \, a = \frac{\cos. \, a' - \cos. \, b' \cos. \, c'}{\sin. \, b' \sin. \, c'} \quad \ldots\ldots\ldots \quad (1)$$

ou bien (9)

$$\sin. \, \tfrac{1}{2} \, a = \sqrt{\left\{ \frac{\sin. \left(\dfrac{a' + b' - c'}{2} \right) \sin. \left(\dfrac{a' + c' - b'}{2} \right)}{\sin. \, b' \sin. \, c'} \right\}}$$

$$\cos. \, \tfrac{1}{2} \, a = \sqrt{\left\{ \frac{\sin. \left(\dfrac{a' + b' + c'}{2} \right) \sin. \left(\dfrac{b' + c' - a'}{2} \right)}{\sin. \, b' \sin. \, c'} \right\}}$$

16. Si l'on cherche a', faites $\cos. \, a \, \mathrm{tg.} \, b' = \mathrm{tg.} \, \varphi$, et vous aurez

$$\cos. \, a' = \cos. \, a \sin. \, b' \sin. \, c' + \cos. \, b' \cos. \, c' = \frac{\cos. \, b' \cos. \, (\, c' - \varphi \,)}{\cos. \, \varphi} \quad (2)$$

17. De cette dernière équation, on peut conclure c' par la formule

$$\cos. \, (\, c' - \varphi \,) = \frac{\cos. \, a' \cos. \, \varphi}{\cos. \, b'} \quad \ldots\ldots \quad (3)$$

18. Si l'on veut b', faites $\cos. \, a \, \mathrm{tg.} \, c' = \mathrm{tg.} \, \varphi$, et on trouvera

$$\cos. \, (\, b' - \varphi \,) = \frac{\cos. \, a' \cos. \, \varphi}{\cos. \, c'} \quad \ldots\ldots \quad (4)$$

On a ainsi trouvé chacune des quatre quantités qui entrent dans la formule gé-nérale (1) exprimée par les trois autres.

DEUXIÈME CAS.

DEUX CÔTÉS ET LES ANGLES OPPOSÉS.

19. J'écris a, b aux deux angles en question : le reste devient déterminé; et j'aurai, par les équations (II),

$$\frac{\sin. \, a}{\sin. \, a'} = \frac{\sin. \, b}{\sin. \, b'} \quad \ldots\ldots\ldots\ldots \quad (5)$$

d'où l'on tire facilement la valeur d'une quelconque de ces quantités, en étant données trois.

TROISIÈME CAS.

DEUX COTÉS, L'ANGLE COMPRIS, ET L'UN DES OPPOSÉS.

---

20. Écrivez b au sommet de l'angle compris, et a à celui de l'opposé. Si vous voulez a, vous aurez, par la première des équations (III),

$$\cot. \, a = \frac{\sin. \, c' \cot. \, a' - \cos. \, b \cos. \, c'}{\sin. \, b}$$

ou, si l'on fait $\dfrac{\cot. \, a'}{\cos. \, b} = \cot. \, \varphi$, on aura, ce qui sera plus commode,

$$\cot. \, a = \frac{\cos. \, b \sin. \, (c - \varphi)}{\sin. \, b \sin. \, \varphi} \, \ldots \ldots \ldots \ldots \ldots (6)$$

21. De cette même équation, on déduira c' par la formule

$$\sin. \, (c' - \varphi) = \sin. \, \varphi \, \operatorname{tg}. \, b \cot. \, a \, \ldots \ldots \ldots (7)$$

22. Si je veux a', je ferai $\dfrac{\cot. \, a}{\cos. \, c'} = \varphi$, et j'aurai

$$\cot. \, a' = \frac{\cot. \, c' \sin. \, (b + \varphi)}{\sin. \, \varphi} \, \ldots \ldots \ldots \ldots (8)$$

23. De là je tire b par la formule

$$\sin. \, (b + \varphi) = \sin. \, \varphi \, \operatorname{tg}. \, c' \cot. \, a' \ldots \ldots \ldots \ldots (9)$$

QUATRIÈME CAS.

LES TROIS ANGLES ET UN COTÉ.

---

24. Écrivez a à l'angle opposé au côté dont il s'agit; b, c, indifféremment, aux deux autres : on aura, par la première des équations (IV), pour trouver a',

$$\cos. \, a' = \frac{\cos. \, a + \cos. \, b \cos. \, c}{\sin. \, b \sin. \, c}$$

ou bien, comme au n°. 9,

$$\cos. \tfrac{1}{2} a' = \sqrt{\frac{\cos.\left(\dfrac{a + b - c}{2}\right) \cos.\left(\dfrac{a + c - b}{2}\right)}{\sin. b \, \sin. c}} \dots (10)$$

25. Pour trouver a, on a

$$\cos. a = \cos. a' \sin. b \sin. c - \cos. b \cos. c,$$

ou, faisant $\cos. a' \, \text{tg.} \, b = \cot. \varphi$,

$$\cos. a = \frac{\cos. b \sin. (c - \varphi)}{\sin. \varphi} \dots\dots\dots : (11)$$

26. D'où l'on tire c par la formule

$$\sin. (c - \varphi) = \frac{\sin. \varphi \cos. a}{\cos. b} \dots\dots\dots (12)$$

27. Pour trouver b, on fait $\cos. a' \, \text{tg.} \, c = \cot. \varphi$, et on aura

$$\sin. (b - \varphi) = \frac{\sin. \varphi \cos. a}{\cos. c} \, (^*). \dots\dots (13)$$

28. D'après ce que l'on vient de voir, tous les cas possibles des triangles sphériques sont compris dans les formules (1), (2) . . . . (13) ; et comme elles sont toutes dérivées de la formule primitive (I), on s'est assuré de ce que nous avons dit (N°. 5), que toute la Trigonométrie Sphérique y est implicitement renfermée.

Nous aurions donc pu terminer ici notre *Essai*, car la Résolution des triangles sphériques, objet de la Trigonométrie sphérique, se trouve déjà achevée. Mais nous trouvons à propos d'exposer quelques applications de cet objet, et les simplifications dont il est susceptible en différens cas, ainsi que les diverses propriétés des triangles sphériques qui résultent des formules précédentes.

Nous commencerons par déduire les élégantes formules connues sous le nom d'*Analogies de Neper*, par lesquelles, en combinant cinq parties d'un triangle, on résout très-commodément le *Troisième Cas*, et l'on tire de très-utiles expressions de la somme et de la différence des côtés et des angles.

(*) Il est inutile d'avertir que l'angle subsidiaire φ est différent dans les diverses formules, dès qu'on a changé d'hypothèse.

ANALOGIES DE NEPER.

29. Si l'on élimine cos. b', au moyen de la première et de la deuxième des équations (I) , on trouvera comme ci-dessus

$$\cos. a \sin. b' = \cos. a' \sin. c' - \cos. b \sin. a' \cos. c' \quad (\text{n}^\text{o}. 11).$$

En opérant de même à l'égard de la deuxième et de la troisième, on aura

$$\cos. c \sin. b' = \cos. c' \sin. a' - \cos. b \sin. c' \cos. a'.$$

En ajoutant ces deux équations, on aura

$$\sin. b' (\cos. a + \cos. c) = \sin. (a' + c') (1 - \cos. b). \ldots (\text{B})$$

Or, les équations (II) donnent

$$\sin. a : \sin. b : \sin. c :: \sin. a' : \sin. b' : \sin. c',$$

ou
$$\frac{\sin. a \pm \sin. c}{\sin. a' \pm \sin. c'} = \frac{\sin. b}{\sin. b'} \quad \ldots \ldots \ldots \ldots \ldots \ldots (\text{C})$$

Eliminant sin. b', au moyen de (B) et (C), vous aurez

$$\frac{\sin. a \pm \sin. c}{\cos. a + \cos. c} = \frac{\sin. a' \pm \sin. c'}{\sin. (a' + c')} \cdot \frac{\sin. b}{1 - \cos. b}$$

En réduisant les sommes et les différences des sinus et des cosinus en produits, par les formules connues (123, etc.), et en observant que $\dfrac{\sin. b}{1 - \cos. b} = \cot. \frac{1}{2} b$, nous aurons, en prenant successivement les signes $+$ et $-$, les deux équations suivantes :

$$\text{tg.} \tfrac{1}{2} (a + c) = \frac{\cot. \frac{1}{2} b. \cos. \left(\dfrac{a' - c'}{2} \right)}{\cos. \left(\dfrac{a' + c'}{2} \right)},$$

$$\text{tg.} \tfrac{1}{2} (a - c) = \frac{\cot. \frac{1}{2} b. \sin. \left(\dfrac{a' - c'}{2} \right)}{\sin. \left(\dfrac{a' + c'}{2} \right)},$$

formules qui donnent la somme et la différence des deux angles a, c : par conséquent, elles font connaître l'un quelconque de ces angles, dès qu'on connaît deux côtés et l'angle compris b.

3o. En agissant semblablement à l'égard des équations (IV), nous trouverons également

$$\text{tg.}\,\tfrac{1}{2}\,(a'+c') = \frac{\text{tg.}\,\tfrac{1}{2}\,b'\,\cos.\left(\dfrac{a-c}{2}\right)}{\cos.\left(\dfrac{a+c}{2}\right)}$$

$$\text{tg.}\,\tfrac{1}{2}\,(a'-c') = \frac{\text{tg.}\,\tfrac{1}{2}\,b'\,\sin.\left(\dfrac{a-c}{2}\right)}{\sin.\left(\dfrac{a+c}{2}\right)}$$

formules qui donnent les côtés a', c', au moyen des angles a, c, et du côté compris b'.

DES TRIANGLES SPHÉRIQUES RECTANGLES.

31. Les triangles rectangles n'étant qu'un cas particulier des triangles en général, il est clair que leur résolution doit être comprise dans les équations générales exposées ci-dessus. Cependant, on les considère ordinairement en particulier, parce que dans ce cas ces équations admettent des simplifications remarquables, en se ramenant par suite à deux termes, comme nous allons voir.

32. Si, dans les équations (I), on suppose droit l'angle a, on aura

$$\cos. a' = \cos. b' \cos. c' \ . \ . \ . \ . \ . \ . \ . \ (\text{I}')$$

équation qui exprime la relation entre les trois côtés d'un triangle rectangle.

33. Faisant la même supposition dans les équations (II), nous aurons

$$\sin. a' = \frac{\sin. b'}{\sin. b} = \frac{\sin. c'}{\sin. c} \ . \ . \ . \ . \ . \ (\text{II}').$$

34. Faites pareillement cette hypothèse en (III) et (III a), vous aurez

$$\left\{ \begin{array}{l} \cos. b = \text{tg.}\,c' \cot. a' \\ \sin. b' = \text{tg.}\,c' \cot. c \end{array} \right\} \ . \ . \ (\text{III}') \qquad \left\{ \begin{array}{l} \cos. c = \text{tg.}\,b' \cot. a' \\ \sin. c' = \text{tg.}\,b' \cot. b \end{array} \right\} \ . \ . \ (\text{III}'a)$$

équations qui ne forment au fond que deux relations distinctes, comme cela doit être; car a est l'angle compris ou opposé, mais que l'on écrit explicitement pour faciliter l'usage que nous allons faire de ces formules.

35. Enfin, en supposant a droit dans les équations (IV), nous aurons les trois relations suivantes, qui n'en fournissent de même que deux réellement distinctes :

$$\cos. a' = \cot. b \cot c. \ . \ . \ (\text{IV}') \qquad \left. \begin{array}{l} \cos. b = \cos. b' \sin. c \\ \cos. c = \cos. c' \sin. b \end{array} \right\} \ . \ . \ . \ (\text{IV}'')$$

36. Dans les six formules (I'), (II'), (III'), (III'a), (IV'), (IV"), est comprise la résolution des triangles sphériques rectangles, les cas possibles.

RÉSOLUTION DES TRIANGLES SPHÉRIQUES RECTANGLES.

37. Comme dans ces triangles l'angle droit est connu, il suffit de connaître deux parties pour résoudre le triangle. Ces deux parties et celle que l'on demande forment ensemble une combinaison ternaire, qui ne saurait manquer d'être quelqu'une des combinaisons exprimées par les six équations précédentes.

Quand on aura donc à résoudre un triangle sphérique rectangle, on écrira a à l'endroit de l'angle droit; b, c, indifféremment, aux endroits des deux autres angles; et puis, marquant les données et l'inconnue de la question, on les cherchera dans le tableau ci-après, où l'on trouvera vis-à-vis l'équation qui convient.

38. Si le triangle a un côté droit, les formules générales admettent des simplifications pareilles. Nous joindrons donc au même tableau les équations propres à sa résolution; enfin nous marquerons sur la 3e. et la 6e. colonne les formules d'où elles ont été déduites, pour que l'on voie leur origine.

RÉSOLUTION DU TRIANGLE SPHÉRIQUE abc.

	ÉTANT DROIT L'ANGLE a.				ÉTANT DROIT LE CÔTÉ a'.		
	DONNÉES et L'INCONNUE	ÉQUATIONS.	RENVOIS.		DONNÉES et L'INCONNUE	ÉQUATIONS.	RENVOIS.
39	a', b', c'	$\cos a' = \cos b' \cos c'$	(I')	39'	a, b, c	$\cos a = -\cos b \cos c$	(IV)
40	a', b', b	$\sin b' = \sin b \sin a'$	(II')	40'	a, b, b'	$\sin b = \sin b' \sin a$	(II)
41	a', c', c	$\sin c' = \sin c \sin a'$		41'	a, c, c'	$\sin c = \sin c' \sin a$	
42	a', c', b	$\cos b = \cot a' \operatorname{tg} c'$	(III')	42'	a, b, c'	$\cos c' = -\operatorname{tg} b \cot a$	(III)
43	a', b', c	$\cos c = \cot a' \operatorname{tg} b'$		43'	a, c, b'	$\cos b' = -\operatorname{tg} c \cot a$	
44	b, b', c'	$\sin c' = \cot b \operatorname{tg} b'$	(III'a)	44'	b, c, b'	$\sin c = \operatorname{tg} b \cot b'$	(III a)
45	b', c', c	$\sin b' = \cot c \operatorname{tg} c'$		45'	b, c, c'	$\sin b = \operatorname{tg} c \cot c'$	
46	a', b, c	$\cos a' = \cot b \cot c$	(IV')	46'	a', b', c'	$\cos a = -\cot b' \cot c'$	(I)
47	b', b, c	$\cos b = \cos b' \sin c$	(IV")	47'	b, b', c'	$\cos b' = \cos b \sin c'$	
48	b, c, c'	$\cos c = \cos c' \sin b$		48'	b', c, c'	$\cos c' = \cos c \sin b'$	

AVERTISSEMENT.

49. Lorsque l'inconnue est donnée par un sinus , le cas est , *en général* , douteux ; car le sinus peut appartenir à un angle aigu , ou à son supplément. Quand cela arrive , il y a deux triangles à qui les mêmes données conviennent, aussi le calcul donne-t-il avec raison deux solutions. Je dis *en général* , parce que souvent l'ambiguité est levée , soit par des circonstances particulières de la question, soit parce que doivent toujours avoir lieu les principes suivans :

1°. Que, dans les triangles rectangles, chacun des côtés de l'angle droit est de même espèce que l'angle opposé , comme il sera démontré n°. 60 ;

2°. Qu'aucun angle ou côté ne peut être plus grand qué 180° , et par conséquent que les sinus sont toujours positifs ; (60) (*)

3°. Qu'au plus grand côté est opposé toujours le plus grand angle , et réciproquement. (63)

En ayant égard à ces principes et aux signes des lignes trigonométriques , les règles que l'on donne ordinairement pour distinguer quand l'inconnue est plus grande ou moindre que 90° deviennent inutiles ; et l'analyste se conduira aisément aux cas douteux : nous ne nous arrêterons donc pas à exposer ces règles.

RÈGLES DE NEPER,

POUR LA RÉSOLUTION DES TRIANGLES SPHÉRIQUES RECTANGLES.

50. En réfléchissant profondément sur l'organisation des formules des triangles sphériques rectangles , le célèbre inventeur des logarithmes parvint à les renfermer toutes dans deux règles si simples et si faciles à se graver dans la mémoire que nous ne pouvons nous dispenser de les exposer dans cet *Essai*.

RÈGLE PREMIÈRE.

Le cosinus de la partie moyenne = produit des cotangentes des parties contiguës.

(*) Dans la définition du *triangle sphérique* (n°. 2), nous avons exclu à dessein les triangles qui ont quelque côté plus grand que 180°, et que l'on appelle communément *gibbeux*, à cause de leur figure , et cela pour ne pas compliquer en vain notre sujet. En effet , à chaque triangle de cette espèce , il y a toujours dans la partie postérieure de la sphère un autre triangle qui lui correspond , et qui n'est pas *gibbeux*, mais dans lequel on connaît le même nombre de données par lesquelles on peut le résoudre et en conclure ce que l'on demande dans le triangle *gibbeux*.

RÈGLE SECONDE.

Le cosinus de la partie moyenne = produit des sinus des parties séparées.

51. Pour faire application de ces règles, il faut observer :

1°. Que Neper ne considère dans le triangle rectangle que cinq parties : les trois côtés et deux angles autres que l'angle droit, lequel n'entre point explicitement dans la solution, comme on le voit dans le tableau précédent.

Cela posé, puisque dans toute question il entre toujours *trois parties*, *deux données et une demandée*, il est facile de voir que l'une de ces parties, laquelle prend alors le nom de *moyenne*, sera équidistante des deux autres, ou bien moyenne entre elles. Au premier cas, les deux parties en combinaison sont *séparées* de la *moyenne* par les deux parties qui n'entrent pas dans la question ; au second cas, elles sont contiguës à la *moyenne*. Voilà ce que Neper entend par *partie moyenne*, *parties contiguës* et *parties séparées*. La première chose à faire dans l'usage de ces règles est de bien reconnaître ces parties, ce qui est facile.

2°. Qu'au lieu des côtés qui forment l'angle droit, on prendra leur complément ; ce qui revient à en prendre le cosinus ou la tangente, quand il en faudra prendre, d'après la règle, le sinus ou la cotangente.

Après ces deux remarques, on verra aisément que dans la première règle sont comprises les équations 4e., 5e., 6e., 7e. et 8e. du tableau des triangles rectangles ; et dans la seconde, les équations 1re., 2e., 3e., 9e. et 10e. (*)

52. Comme tout triangle obliquangle, où l'on connaît trois parties, peut se ramener à deux triangles rectangles résolvables par les règles de Neper, en abais-

---

(*) On peut appliquer de même les règles de Neper aux triangles qui ont un côté droit, en y faisant les modifications suivantes :

Première : De ne point considérer le côté droit, et de prendre le complément des angles opposés aux deux autres côtés, lorsque ces angles entrent en combinaison, au lieu de prendre le complément des côtés, comme au (n°. 51 2°.).

Seconde : De changer le signe à tout terme où il entrera un cosinus.

Exemple : soit $a\,b\,c$ le triangle rectilatère en a', et dans lequel on cherche la relation entre a, b, c'. Je vois de suite que c' est la *partie moyenne* ; a, b sont donc les *parties contiguës*, et j'aurai, d'après la première des deux règles générales,

$$\cos. c' = \cot. a \cot. b.$$

Mais comme b est opposé à un des côtés non droits, j'en prends le complément, et j'écris, d'après la *première modification*,

$$\cos. c' = \cot. a \operatorname{tg}. b.$$

Et puisqu'il y entre un cosinus, je change le signe, et j'aurai la formule correcte, n°. 43',

$$\cos. c' = - \cot. a \operatorname{tg} b.$$

Fig. 3.

sant convenablement de l'un des angles un arc perpendiculaire au côté opposé (*), il s'ensuit que dans ces deux règles est contenue, en quelque sorte, toute la Trigonométrie Sphérique : règles qui ont l'avantage de pouvoir être facilement apprises

---

(*) C'est facile à voir. Parce que :

1°. Entrant dans la question *les trois côtés et un angle a.*

12. J'abaisse de l'angle b un arc perpendiculaire, que je nomme p; je fais le segment adjacent à l'angle a, $= x$, et j'aurai, d'après les règles de Néper,

$$\cos. c' = \cos. p \cos. x \,;\, \cos. a' = \cos. p \cos. (b' - x)\,;\, \cos. a = \cot. c' \, \text{tg.} \, x.$$

Divisant la seconde équation par la première, et éliminant tg. x par la troisième, on aura

$$\frac{\cos. (b' - x)}{\cos. x} = \frac{\cos. a'}{\cos. c'} = \cos. b' + \sin. b' \, \text{tg.} \, x = \cos. b' + \sin. b' \cos. a \, \text{tg.} \, c$$

d'où l'on tire

$$\cos. a = \frac{\cos. a' - \cos. b' \cos. c'}{\sin. b' \sin. c} \quad \dots\dots\dots\dots (I)$$

qui est l'équation (I).

2°. Entrant *deux angles a, c, et les côtés opposés.*

J'abaisse la perpendiculaire du troisième angle b, et j'ai cos. $p = \sin. a \sin. c' = \sin. a' \sin. c,$

ou

$$\frac{\sin. a}{\sin. a'} = \frac{\sin. c}{\sin. c'} \quad \dots\dots\dots\dots\dots\dots\dots (II)$$

3°. Entrant *deux côtés, l'angle compris a, et l'opposé c.*

J'abaisse la perpendiculaire du troisième angle b, et j'ai

$$\sin. x = \cot. a \, \text{tg.} \, p \,;\, \sin. (b' - x) = \cot. c \, \text{tg.} \, p \,;\, \cos. a = \cot. c' \, \text{tg.} \, x.$$

Divisant la seconde équation par la première, et éliminant tg. x par la troisième, on aura

$$\frac{\cot. c}{\cot. a} = \frac{\sin b' - \cos. b' \, \text{tg.} \, x}{\text{tg.} \, x} = \frac{\sin. b' - \cos. b' \cos. a \, \text{tg.} \, c'}{\cos. a \, \text{tg.} \, c'}$$

d'où l'on tire

$$\cos. b' \cos. a = \sin. b' \cot. c' - \sin. a \cot. c \dots\dots\dots\dots (III)$$

4°. Entrant les *trois angles et un côté a'.*

J'abaisse la perpendiculaire sur l'un des côtés *non donnés b'*, et je trouverai, en opérant comme au premier cas,

$$\cos. a' = \frac{\cos. a + \cos. b \cos. c}{\sin. b . \sin. c} \quad \dots\dots\dots\dots\dots\dots (IV)$$

Par conséquent, les règles de Néper peuvent nous conduire à la résolution générale des triangles, objet de la Trigonométrie.

par cœur , à cause de la symétrie , pour ainsi dire , du langage par lequel elles sont énoncées , les cotangentes correspondant aux *parties contiguës*, et les sinus aux *parties séparées*. (*)

53. Enfin , on peut aussi appliquer les règles de NEPER à la Trigonométrie Rectiligne , en prenant par les sinus et les tangentes des côtés du triangle les côtés eux-mêmes , et en transformant les cosinus et les cotangentes en sinus et tangentes , d'après les rapports connus.

EXEMPLE. Étant donnés , dans le triangle abc , les côtés b', c', et étant demandé c , on voit de suite que b' est la partie moyenne , car l'angle droit a ne compte pas , et on aura , d'après la première règle ,

$$\cos. b' = \cot. c \cot. c'.$$

En corrigeant cette équation d'après la seconde remarque , j'écrirai

$$\sin. b' = \cot. c \, tg. c',$$

parce que b', c' sont les côtés de l'angle droit ; et après tout , parce que le triangle est rectiligne , j'aurai , pour la dernière correction , la formule connue

$$c' = b' \, tg. c.$$

On trouverait de même

$$b' = a' \cos. c$$

et le carré de l'hypothénuse $a'^2 = c'^2 + b'^2$, etc.

(*) Les règles de NEPER nous conduisent naturellement à la recherche d'une règle très-propre à faire retenir la formule qui exprime la relation entre *deux côtés* , *l'angle compris* , et *l'un des opposés* , la seule des quatre règles fondamentales que l'on a quelque peine à apprendre par cœur , et qui , par cela même , a mérité une attention particulière de DELAMBRE , Astr. , t. I , chap. X. Trig. Mnémonique , n°. 191.

En effet , les quatre parties du triangle étant toutes contiguës , dans ce cas , deux en seront les *moyennes*, et deux les *extrêmes* : les parties *moyennes* sont un côté et un angle , et les *extrêmes* l'autre côté et l'autre angle.

Or , en réfléchissant sur la formule qui sert à ce cas (11),

$$\cos. b \cos. c' = \sin. c' \cot. a' - \sin. b \cot. a,$$

nous verrons facilement qu'on peut la rendre comme il suit :

Le produit des cosinus des parties moyennes = produits des sinus de ces mêmes parties par les cotangentes des parties extrêmes , le côté rapporté au côté , l'angle rapporté à l'angle : le produit des côtés étant positif , et celui des angles négatif.

PROPRIÉTÉS DES TRIANGLES SPHÉRIQUES, DÉDUITES DES FORMULES PRÉCÉDENTES.

54. Nous ne nous donnerons pas la peine de démontrer que deux côtés quelconques d'un triangle sphérique sont ensemble plus grands que le troisième ; nous ne prouverons pas non plus que ces triangles sont égaux, dont les trois côtés seront respectivement égaux ; ou deux côtés et l'angle compris ; ou un côté et les deux angles adjacens : tout cela est évident de soi-même, ou découle du principe de la superposition, comme dans les triangles rectilignes.

55. Mais ce qui est particulier aux triangles sphériques, c'est que les trois angles déterminent le triangle, comme il a été indiqué n°. 5, et on le confirme par les équations (IV).

En effet, si deux triangles ont les angles respectivement égaux, les valeurs de cos. a', cos. b', cos. c' deviennent les mêmes : les côtés seront donc égaux, et par suite les triangles.

56. Si deux côtés, a', b', sont égaux, les angles opposés seront égaux, comme dans la Trigonométrie plane.

Car la première et la seconde des équations (I) donnent, dans ce cas,

$$\cos. a = \cos. b, \text{ ou } a = b.$$

La réciproque découle pareillement des équations (IV).

Fig. 3.
57. L'équation $\qquad$ tg. $c' = \cos. b$ tg. a' (42)

montre que (b étant supposé aigu), un arc c', perpendiculaire à un autre b', est plus petit qu'un troisième a', oblique au second, tant que $c' < 90°$; plus grand, lorsque $c' > 90°$; et égal, au cas de $c' = 90°$.

Dans ce dernier cas, comme il y a $a' = c'$, il y aura de même $a = c = 90°$, et le triangle aura deux angles droits : le point b sera à 90° de distance de tous les points de l'arc ac ; il se trouvera à l'extrémité du diamètre de la sphère perpendiculaire au cercle ac ; enfin il aura le nom de *Pôle* de ce cercle.

58. Le pôle d'un cercle étant situé sur l'arc perpendiculaire à ce cercle, il s'ensuit que si deux arcs, ba, bc, sont perpendiculaires à ac, ils se rencontreront à son pôle, et chacun sera de 90°.

Réciproquement, si deux arcs, ba, bc, sont de 90° chacun, b sera le pôle de ac.

59. L'équation tg. $c' = \sin. b'$ tg. c (45) montre que, si, sin. $b' = 1$, sera tg. $c' = $ tg. c.

D'où l'on voit que la mesure naturelle d'un angle sphérique est l'arc mené à 90° de son sommet, qui devient alors le pôle de cet arc. (57).

60. La même équation montre aussi que, dans un triangle sphérique rectangle, l'un quelconque des côtés de l'angle droit est toujours de même espèce que l'angle opposé.

En effet, sin. b' étant toujours positif, car il ne peut y avoir de côté plus grand que 180° (2), tg. c' aura le même signe que tg. c ; et par conséquent , c , c' seront tous les deux aigus , ou tous les deux obtus en même temps.

De plus , comme tout côté du triangle sphérique est moindre que 180° , il suit encore de là qu'aucun angle ne peut être de même de 180° ; parce qu'on peut toujours mener du sommet de l'un des autres angles un arc perpendiculaire sur le côté opposé , lequel arc sera le côté de l'angle droit opposé à l'angle que l'on considère.

61. On démontre pareillement par la même équation qu'un côté quelconque b' de l'angle droit augmentant jusqu'à 90° , l'angle adjacent c diminue, et que cet angle augmente , le côté b' devenant plus grand que 90°.

Car, si le facteur sin. b' augmente, il faut que tg. c diminue pour que l'équation tg. $c'=$ sin. b' tg. c subsiste. Mais b' surpassant 90° , sin. b' diminue : dès-lors, c doit augmenter par la même raison ; et il sera le *minimum*, lorsque sin. $b'=$ 1.

62. Puisque dans la même équation

$$\text{tg. } c' = \text{sin. } b' \text{ tg. } c ,$$

le sinus reste encore positif, quand tg. c et tg. c' deviennent négatives l'une et l'autre, il suit de là que rien n'empêche que chaque côté de l'angle droit, ainsi que chacun des angles opposés à ces côtés, soit plus grand que 90°. Et comme, d'ailleurs, l'angle a est droit, il est clair que la somme des trois angles d'un triangle sphérique peut être beaucoup plus grande que deux angles droits, comme il en est de même de la somme des côtés (2).

63. La formule
$$\text{tg. } \tfrac{1}{2} (a-c) = \frac{\text{cot. } \frac{1}{2} b \text{ sin. } \dfrac{a'-c'}{2}}{\text{sin. } \dfrac{a'+c'}{2}} \qquad (29)$$

démontre qu'au *plus grand côté* est opposé le plus grand angle , et réciproquement.

En effet, cot. $\tfrac{1}{2} b$ et sin. $\dfrac{a'+c'}{2}$ étant toujours positifs (2, 69), tg. $\tfrac{1}{2}(a-c)$ aura le même signe que sin. $\dfrac{a'-c'}{2}$, et par conséquent si $a' > c'$, sera $a > c$.

Réciproquement, lorsque $a > c$, sera $a' > c'$.

64. Quant aux limites des côtés et des angles , nous observerons que : tout triangle sphérique étant formé par deux arcs de grands cercles, ab, ac, interceptés par un troisième bc, avant leur réunion en d à 180° , il s'ensuit que la somme des trois côtés doit être moindre que 360°, car on a évidemment $bc < bd + dc$.

Quant à la *limite en moins* , elle doit être celle où les arcs cessent de l'être, et le triangle devient rectiligne.

A l'égard de la limite des angles, chacun d'eux doit avoir moins de deux angles droits : conséquemment, les trois ensemble doivent être moindres que six angles droits. En effet, s'ils venaient à en avoir six, le triangle deviendrait une surface hémisphérique.

La limite *en moins* est évidemment celle du triangle rectiligne, savoir, deux angles droits.

REMARQUE

On se sert chez quelques auteurs des triangles dits *complémentaires*, et des triangles *supplémentaires* ou *polaires*, pour démontrer plusieurs propriétés des triangles sphériques. Quoiqu'un tel sujet soit tout-à-fait étranger à cet *Essai*, nous étant proposé de tout déduire d'un seul principe ou théorème fondamental, comme nous l'avons fait, cependant nous donnerons la définition de cette sorte de triangles, pour qu'on les reconnaisse au besoin.

On appelle *triangle complémentaire* celui qui est formé par le complément de l'hypothénuse et celui de l'un des côtés de l'angle droit, en joignant leurs extrémités par un troisième arc.

Fig. 6 et 7. Ainsi, dans le triangle *abc*, rectangle en *a*, si l'on prolonge *ac* jusqu'à 90° en *b'*, fig. 6 ; ou si l'on coupe de *ac* l'excès *c b'* sur 90°, fig. 7 ; et si l'on fait la même chose à l'égard de l'hypothénuse, et que l'on tire enfin *a' b'*, il sera construit le triangle *a' b' c'*, que l'on nomme complémentaire, parce que ses parties sont égales aux parties du triangle primitif, ou en sont les complémens.

En effet, en prolongeant l'arc *ba* jusqu'à ce qu'il rencontre *b' a'*, pareillement prolongé, il est facile de prouver que *b'* est le pôle de *b a c'*, et *b* celui de *a' c'*. car *b a'* et *b b'* sont l'un et l'autre de 90° (57, 58) ; et par conséquent

$$a' = 90° ; \quad b' = ac' (59) = 90° - ba ; \quad b = a' c' = 90° \mp a' b',$$

le signe $+$ ayant rapport au cas de la fig. 7.

Il est clair qu'on pourrait faire la même construction du côté de l'angle *b*, où il se formerait de même un autre triangle complémentaire, en prolongeant *ba* jusqu'à 90°, ainsi que l'hypothénuse, tout vers le même côté.

Fig. 8. Quant au triangle *supplémentaire* ou *polaire*, si des sommets des angles *a*, *b*, *c*, comme *pôles*, on décrit les arcs BA, BC, AC, on aura construit un nouveau triangle, que l'on appelle *supplémentaire* ou *polaire*, parce qu'il est décrit de ces points comme pôles, et que ses côtés sont les supplémens des angles du triangle primitif, et réciproquement, comme il est facile de le conclure des nᵒˢ. 57, 58, 59.

DES ANALOGIES DIFFÉRENTIELLES.

65. On a souvent besoin dans l'Astronomie de connaître la variation qu'éprouve une partie d'un triangle, lorsqu'une autre a varié d'une certaine quantité.

Le moyen direct d'y parvenir serait de calculer le triangle dans les deux états, et de marquer le changement de la partie qu'on cherche ; mais le *calcul différentiel* en fournit un autre beaucoup plus prompt pour arriver à ce but, lorsque la variation est petite. C'est de l'application de ce calcul que résultent les *analogies différentielles* dont nous allons nous occuper. (*)

66. Puisqu'il s'agit de connaître la variation de l'une des parties, étant connue celle d'une autre, et que dans les formules fondamentales il n'entre que quatre parties, il s'ensuit que deux de ces parties peuvent demeurer constantes, mais uniquement deux; parce que s'il y en avait trois de constantes, le triangle ne serait point variable (4).

Cependant, nous commencerons par différéncier les quatre formules fondamentales, en y supposant tout variable; de là nous passerons à l'hypothèse de deux parties seulement variables, ce que l'on obtient facilement en rendant nulles deux *différentielles* qui nous conviendront; ou une seule, dans le cas où l'on connaît la variation de deux parties, et où l'on cherche celle d'une troisième.

(*) A la rigueur, le calcul différentiel n'exprime le rapport entre les différences que lorsqu'elles deviennent nulles en même temps.

Si y, par exemple, est une fonction de x, que nous représenterons par φx; et si l'on suppose que x reçoive l'accroissement Δx, nous aurons, en général, comme on sait,

$$\varphi(x+\Delta x) = y + \Delta y = \varphi x + \Delta x \frac{d.\varphi x}{dx} + \Delta x \frac{2 d.^2 \varphi x}{2.dx^2} + \Delta x \frac{3 d.^3 \varphi x}{2.3.dx^3} +, \text{etc.}$$

D'où l'on tire

$$\frac{\Delta y}{\Delta x} = A + B \Delta x + C \Delta x^2 +, \text{etc.}$$

A, B, C, etc., exprimant les coefficiens des différentes puissances de Δx.

Dans le calcul différentiel, on suppose Δx rigoureusement nul; et, par cela, on a exactement $\frac{dy}{dx} = A$: le symbole, $\frac{dy}{dx}$, exprimant la valeur de $\frac{\Delta y}{\Delta x}$ dans ce cas. Dans l'application que nous allons faire de ce calcul, Δx n'est pas $= o$; mais on suppose que $B \Delta x^2 + C \Delta x^3 +$ etc. peut être négligé sans inconvénient. De là vient $\frac{\Delta x}{\Delta y} = A$, comme dans le calcul différentiel : par conséquent, on peut s'en servir.

Il faut cependant, avant tout, vérifier l'hypothèse, en examinant si Δx^2, dont la valeur est donnée, peut être négligée par rapport à Δx, et observer, en outre, si les lignes trigonométriques qui forment les coefficiens A, B, C, etc., sont ou non dans les limites, où elles deviennent infinies ou nulles, parce que ces coefficiens pourront alors acquérir des valeurs telles qu'ils ne sauraient être négligés, malgré la petitesse de Δx. La valeur de A peut nous y guider, celles de B, C, D, etc., étant exprimées par A, parce qu'on a

$$B = \frac{1}{2}\left(\frac{d.A}{dx}\right); \quad C = \frac{1}{2.3}\left(\frac{d\,d.A}{dx^2}\right), \text{ etc.}$$

67. Différenciant la première des équations (I)

$$\cos. a \sin. b' \sin. c' - \cos. a' + \cos. b' \cos. c' = 0,$$

on a

$$0 = da' \sin. a' - da \sin. a \sin. b' \sin. c' + db' (\cos. b' \cos. a \sin. c' - \sin. b' \cos. c')$$
$$+ dc' (\cos. c' \cos. a \sin. b' - \sin. c' \cos. b').$$

Divisant cette équation par sin. a', le coefficient de da devient égal à

$$\frac{\sin. a \sin. b' \sin. c'}{\sin. a'} = \sin. b \sin. c'.$$

En remplaçant dans les coefficiens de db', dc', par cos. a, sa valeur

$$\frac{\cos. a' - \cos. b' \cos. c'}{\sin. b \sin. c'},$$

le premier devient

$$\frac{\cos. b' \cos. a' - \cos. c'}{\sin. a' \sin. b'} = - \cos. c, \quad (3)$$

et le second

$$\frac{\cos. c' \cos. a' - \cos b'}{\sin. a' \sin. c'} = - \cos. b.$$

Et l'équation différentielle ci-dessus prend la forme

$$0 = da' - da \sin. b \sin. c' - db' \cos. c - dc' \cos. b \dots (I \, d)$$

68. Différenciant l'équation (II)

$$\sin. a \sin. b' - \sin. b \sin. a' = 0,$$

et divisant ensuite l'équation différentielle par l'équation primitive,

$$0 = da \cot. a - da' \cot. a' - db \cot. b + db' \cot. b' \dots (II \, d)$$

69. Différenciant la première des équations (III)

$$0 = \cos. b \cos. c' - \sin. c' \cot. a' + \sin. b \cot. a,$$

on a

$$0 = \frac{da \sin. b}{\sin.^2 a} - \frac{da' \sin. c'}{\sin.^2 a'} + db (\sin. b \cos. c' - \cos. b \cot. a)$$
$$+ dc' (\sin. c' \cos. b + \cos. c' \cot. a').$$

Multipliant cette équation par sin. a sin. a', le coefficient de db devient

$$(\sin. b \cos. c' - \cos. b \cot. a) \sin. a \sin. a' = \sin. a' \cos. c \quad (12),$$

le coefficient de dc'

$$(\cos. c' \cot. a' + \sin. c' \cos. b) \sin. a \sin. a' = \sin. a \cos. b', \quad (13)$$

et les coefficiens de da, da',

$$\frac{\sin. \; b \sin. \; a'}{\sin. \; a} = \sin. \; b' \; ; \; \frac{\sin. \; c' \sin. \; a}{\sin. \; a'} = \sin. \; c.$$

Substituant ces valeurs dans l'équation différentielle, on aura

$$0 = da' \sin. \; c - da \sin. \; b' - db \sin. \; a' \cos. \; c - dc' \sin. \; a \cos. \; b' \ldots (\text{III } d)$$

Si l'on avait pris la formule où l'angle opposé est c, au lieu de a, on aurait pareillement, en changeant a en c, et a' en c',

$$0 = dc' \sin. \; a - dc \sin. \; b' - db \sin. \; c' \cos. \; a - da' \sin. \; c \cos. \; b'.$$

70. Différenciant la première des équations (IV)

$$\cos. \; a' \sin. \; b \sin. \; c - \cos. \; a - \cos. \; b \cos. \; c = 0,$$

et opérant comme pour l'équation (I), (67), à laquelle elle ressemble, on a

$$0 = da - da' \sin \; b' \sin. \; c + db \cos. \; c' + dc \cos. \; b' \ldots \ldots (\text{IV } d)$$

71. Répétant les formules (I d), (II d), (III d), (IV d) pour tous les angles, afin d'en faciliter l'usage, on a

72. $da' - da \sin. \; b \sin. \; c' - db' \cos. \; c - dc' \cos. \; b = 0$

73. $db' - db \sin. \; c \sin. \; a' - dc' \cos. \; a - da' \cos. \; c = 0$ $\Big\}\ldots(\text{I } d)$

74. $dc' - dc \sin. \; a \sin. \; b' - da' \cos. \; b - db' \cos. \; a = 0$

75. $da \cot. \; a + dc' \cot. \; c' - dc \cot. \; c - da' \cot. \; a' = 0$

76. $da \cot. \; a + db' \cot. \; b' - db \cot. \; b - da' \cot. \; a' = 0$ $\Big\}\ldots(\text{II } d)$

77. $db \cot. \; b + dc' \cot. \; c' - dc \cot. \; c - db' \cot. \; b' = 0$

78. $da \sin. \; b' + db \sin. \; a' \cos. \; c + dc' \sin. \; a \cos. \; b' - da' \sin. \; c = 0$

79. $db \sin. \; c' + dc \sin. \; b' \cos. \; a + da' \sin. \; b \cos. \; c' - db' \sin. \; a = 0$

80. $dc \sin. \; a' + da \sin. \; c' \cos. \; b + db' \sin. \; c \cos. \; a' - dc' \sin. \; b = 0$

81. $da \sin. \; c' + db' \sin. \; a \cos. \; c' + dc \sin. \; a' \cos. \; b - da' \sin. \; b = 0$ $\Big\}\ldots(\text{III } d)$

82. $db \sin. \; a' + dc' \sin. \; b \cos. \; a' + da \sin. \; b' \cos. \; c - db' \sin. \; c = 0$

83. $dc \sin. \; b' + da' \sin. \; c \cos. \; b' + db \sin. \; c' \cos. \; a - dc' \sin. \; a = 0$

84. $da - da' \sin. \; b' \sin. \; c + db \cos. \; c' + dc \cos. \; b' = 0$

85. $db - db' \sin. \; c' \sin. \; a + dc \cos. \; a' + da \cos. \; c' = 0$ $\Big\}\ldots(\text{IV } d)$

86. $dc - dc' \sin. \; a' \sin. \; b + da \cos. \; b' + db \cos. \; a' = 0$

87. En supposant constantes deux parties du triangle, leurs différentielles disparaissent, et l'on tire tous les rapports désirables entre deux variations quelconques. On voit de plus que les deux parties constantes ne sauraient manquer d'être : ou *deux côtés*, ou *deux angles*, ou *un côté et l'angle opposé*, ou enfin *un côté et un angle adjacent*. De là résultent les quatre divisions suivantes :

I. *Étant constant un angle* a, *et le côté adjacent* b'.

$$88. \quad \frac{da'}{dc'} = \cos. b' \qquad\qquad \frac{da'}{db} = -\frac{\operatorname{tg.} a'}{\operatorname{tg.} b}$$

$$89. \quad \frac{da'}{dc} = \sin. a' \cot. b \qquad\qquad \frac{db}{dc} = -\cos. a'$$

$$90. \quad \frac{dc'}{db} = -\frac{\operatorname{tg} a'}{\sin. b} \qquad\qquad \frac{dc'}{dc} = \frac{\sin. a'}{\sin. b}$$

II. *Étant constant l'angle* a, *et le côté opposé* a'.

$$91. \quad \frac{db'}{db} = \frac{\operatorname{tg.} b'}{\operatorname{tg.} b} \qquad\qquad \frac{db'}{dc} = -\frac{\sin. a' \cos. b}{\sin. a \cos. c'}$$

$$92. \quad \frac{db'}{dc'} = -\frac{\cos. b}{\cos. c} \qquad\qquad \frac{db}{dc'} = -\frac{\sin. a \cos. b'}{\sin. a' \cos. c}$$

$$93. \quad \frac{db}{dc} = -\frac{\cos. b'}{\cos. c'} \qquad\qquad \frac{dc'}{dc} = \frac{\operatorname{tg.} c'}{\operatorname{tg.} c}$$

III. *Étant constans deux côtés,* c', b'.

$$94. \quad \frac{da'}{da} = \sin. b \sin. c' \qquad\qquad \frac{da'}{db} = -\sin. a' \operatorname{tg.} c$$

$$95. \quad \frac{da'}{dc} = -\frac{\sin. a \sin. b'}{\cos. b} \qquad\qquad \frac{da}{db} = -\frac{\sin. a'}{\sin. b' \cos. c}$$

$$96. \quad \frac{da}{dc} = -\frac{\sin. a'}{\sin. c' \cos. b} \qquad\qquad \frac{db}{dc} = \frac{\operatorname{tg.} b}{\operatorname{tg.} c}$$

IV. *Étant constans deux angles,* a, b.

$$97. \quad \frac{da'}{db} = \frac{\operatorname{tg.} a'}{\operatorname{tg.} b} \qquad\qquad \frac{da'}{dc'} = \frac{\sin. a \cos. b}{\sin. c}$$

$$98. \quad \frac{da'}{dc} = \frac{\cot. b'}{\sin. c} \qquad\qquad \frac{db'}{dc'} = \frac{\sin. b \cos. a'}{\sin. c}$$

$$99. \quad \frac{db'}{dc} = \frac{\cos. a'}{\sin. a \sin. c'} \qquad\qquad \frac{dc}{dc'} = \sin. a' \sin. b$$

100. Quand on voudra faire usage de ces formules, on remarquera d'abord quelles sont les deux parties du triangle proposé qui demeurent constantes, et en y écrivant les lettres indiquées dans la division correspondante, on cherchera le rapport entre la variation donnée et la variation demandée, lequel ne saurait manquer d'être quelqu'un des six qui entrent dans chaque division.

Fig 9.   101. Par Exemp. : Si, dans le triangle ZPE, le côté ZE a varié de la quantité connue E*e*, et que l'on veuille savoir la variation qui en résulte pour l'angle P, nous remarquerons que les parties *constantes* sont Z et PZ : *un angle* et *le côté adjacent*. Nous écrirons donc, d'après le titre de la première division, *a* sur l'angle Z, *b'* sur le côté ZP, ou, ce qui revient au même, *b* sur l'angle E, et par conséquent c sur le troisième. La variation donnée sera $Ee = dc'$, et celle demandée $EPe = dc$. Cherchant leur relation parmi celles de cette division, on trouvera

$$(90) \quad \frac{dc'}{dc} = \frac{\sin. a'}{\sin. b}, \quad \text{ou} \quad dc = dc' \frac{\sin. b}{\sin. a'}$$

S'il fallait éliminer l'angle b comme n'étant pas donné, étant c l'angle donné, on écrirait

$$dc = \frac{dc' \sin. c \sin. b'}{\sin. a' \sin. c'}$$

ou

$$dc = \frac{Ee. \sin. P \sin. ZP}{\sin. ZE \sin. PE};$$

formule qui coïncide avec la formule ordinaire de la *Parallaxe en ascension droite*, Biot, Astr. Phys., liv. I, n°. 247; en remarquant que $\dfrac{Ee}{\sin. ZE}$ est ce qu'il appelle Π, ou *Parallaxe horizontale*.

102. Dans la même hypothèse, si l'on voulait la variation de PE, on aurait

$$\frac{d. PE}{d. ZE} = \frac{da'}{dc'} = \cos. b \ (88)$$

et si l'on veut exclure b, nous remarquerons que (11)

$$\cos. b = \sin. b. \cot. b = \sin. b \left(\frac{\cot. b' \sin. a'}{\sin. c} - \cos. a' \cot. c \right) =$$

$$\frac{\cos. b' \cos. a'}{\sin. c'} - \frac{\cos. a' \cos. c \sin. b'}{\sin. c'};$$

et par conséquent

$$da' = \frac{dc'}{\sin. c'} \left(\cos. b' \sin. a' - \sin. b' \cos. a' \cos. c \right)$$

$$= \Pi \left(\cos. b' \sin. a' - \sin. b' \cos. a' \cos. c \right);$$

formule qui coïncide aussi avec celle de la *Parallaxe en déclinaison*, Biot, idem, p. 259, éd. 1810.

103. Exemp. II. Soit le triangle PP'E, dans lequel les côtés PP', P'E, sont cons- Fig. 1
tans, et est donnée la variation de P'. On demande les variations de PE et de P.

Comme il est donné *deux côtés constans*, je prends la division III; j'écris b, c sur les angles opposés aux côtés constans, et a sur le troisième; et cherchant les relations $\dfrac{da'}{da}$, $\dfrac{db}{da}$, je trouve (94, 95)

$$\frac{da'}{da} = \frac{d. PE}{d. P'} = \sin. b \sin. c'; \quad \frac{db}{da} = \frac{d. P}{d. P'} = - \frac{\sin. b' \cos. c}{\sin. a'}$$

Si P est le pôle du Monde, P' celui de l'Ecliptique, E le lieu de l'astre $*$, on aura

$$a = P' = 90° - \text{long. } * = 90° \ l; \quad b = P = 90° + \text{Asc. Dr. } * = 90° + A.$$

$$PE = 90° - \text{Déclin. } * = 90° - d; \quad PP' = \text{Obliquité de l'Ecliptique} = \omega; \quad \text{et}$$

$$da = - dl.$$

Remplaçant ces dénominations, et supposant que dl représente la *Précession en longitude*, nous aurons

$$d(PE) = - dl \cos. A \sin. \omega,$$

c'est-à-dire

Préces. en Déclin. $= -$ Préces. en long. cos. A. R. sin. obl. de l'Eclip.; résultat trouvé par une autre méthode, Biot, t. II, pag. 89.

On trouvera de même la Précession en Ascension droite par la formule

$$\frac{db}{da} = - \frac{\sin. b' \cos. c}{\sin. a'}$$

en éliminant sin. b' et cos. c, au moyen de leurs valeurs en b, a', c' (10, 11).

104. Dans les formules (88....89), il est supposé qu'une seule partie ait varié, et on demande de trouver la variation d'une autre. C'est le cas le plus ordinaire. Il peut se faire pourtant que deux ou même trois aient varié, et que l'on demande la variation d'une autre. Dans ce cas, il faut se servir des formules générales (72.... 85), qui satisfont à toutes les hypothèses possibles sur la *variation*.

Par exemple : Si l'angle horaire P a varié par suite des variations simultanées de la déclinaison PE et de la hauteur ZE, PZ restant constant, ce qui arrive quelquefois quand on prend des hauteurs correspondantes, on a à chercher une formule dans laquelle il entre a', b', a comme variables, et c' constant. Cette combinaison quaternaire a lieu dans les formules (I), et on doit la chercher dans ses différentielles (I d).

En effet, faisant $dc' = o$, (n°. 72), on a

$$da = \frac{da' - db' \cos. c}{\sin. b \sin. c'}$$

d'où l'on déduit facilement celle de Biot, t. I, p. 418.

═══════════

EXEMPLES SUR LA RÉSOLUTION DES TRIANGLES SPHÉRIQUES.

105. Exemp. I. Supposant que la latitude de Coïmbre soit 40° 12' 30" B, celle de Rio-Janéiro 22° 54' 12" A, et la différence des longitudes de ces deux villes $= 34°$ 52' 48" : trouver leur distance sphérique.

Représentons par C la position de Coïmbre, par R celle de Rio-Janéiro, et par P le pôle terrestre. Joignant ces trois points sur la sphère, on aura

$$PC = 90° — 40° 12' 30''; \quad PR = 90° + 22° 54' 12''; \quad P = 34° 52' 48'';$$

et RC, pour la distance que l'on cherche.

Comme dans cette question il entre les trois côtés et un angle, il est clair qu'elle appartient au premier cas (15). J'écris donc a sur l'angle donné ; c, b sur les autres : le côté RC sera représenté par a', et cherchant sa valeur, j'aurai d'abord (16)

$$\text{tg. } \varphi = \cos. a \text{ tg. } b',$$

et ensuite

$$\cos. a' = \frac{\cos. b' \cos. (c' — \varphi)}{\cos. \varphi}.$$

Calculant par logarithmes, j'ai

L. cos. a . . . (34° 52' 48'') 9,9140000	L. cos. b' (sin. 40° 12' 30'') . 9,8099425
L. cot. (90°—b') (40 12 30) 10,0792815	L. cos. (c' — φ) (68 45 43) . 9,5590009
	C. L. cos. φ 0,1441034
L. tg. φ . . . 9,9869815	
$\varphi = 44° 8' 29''$	L. cos. a' 9,5130468

d'où $a' =$ RC $= 70° 58' 53''$, 8. Et réduisant en lieues portugaises de 18 au degré, sera RC $= 1277,7$ lieues.

106. **Exemp. II.** Supposant connue la distance précédente, trouver la direction de Rio-Janéiro.

Comme RC ou a' est déjà connu, il y a trop de données ; mais je choisis pour plus de commodité a', a', c, et c sera l'inconnue. Il entre donc dans la question deux côtés et les deux angles opposés, et j'aurai (19)

$$\sin. c = \frac{\sin. c' \sin. a}{\sin. a'}$$

L. sin. c' (cos. 22° 54' 12'', 0)	9,9643364
L. sin. a . . . 34 42 48 ,0	9,7572894
C. L. sin. a' . . . 70 58 53 ,8	0,0243778
L. sin. c	9,7460036

$$c = 33° 51' 42'', \text{ ou bien } = 145° 8' 17'', 9.$$

Quoique la solution semble douteuse, cependant on voit facilement que la seconde valeur peut seule avoir lieu, parce qu'étant PR $>$ RC, doit être $c > a$ (49).

107. **Exemp. III.** Combien a-t-il d'heures le plus grand jour à Coïmbre ?

Soit Z la position du zénith de Coïmbre, E la position du soleil le jour du solstice d'été, P le pôle du monde, nous aurons

ZP = compt. lat. de Coïmbre = 90° — 40° 12' 30"; PE = compt. décl. soleil
à ce jour-là = 90° — obliquité de l'écliptique = 90° — 23° 27' 45" (*)

Supposant que le jour commence lorsque le centre du soleil se trouve sur l'horizon, sera ZE = 90°, et P l'angle horaire demandé. On a donc à résoudre un triangle rectilatère. Par conséquent (38), j'écris a à l'angle opposé au côté droit ZE; b, c aux deux autres, et je cherche la combinaison c', b', a, dans laquelle b', c' sont donnés, et a demandé.

En la cherchant dans son tableau respectif (46), je trouve

$$\cos. a = - \cot. b' \cot. c = - \operatorname{tg}. 23° 27' 45" \operatorname{tg}. 40° 12' 30"$$

L. tg. 23° 27' 45" 9,6375241
L. tg. 40 12 30 9,9270185

' L. cos. a 9,5645426

$a = 111° 31' 27", 5.$

Doublant cette quantité, et divisant par 15 le résultat, pour le réduire en temps, on trouve que le plus grand jour y a 14 h. 52' 11", 6.

La formule $\cos. a = - \cot. b' \cot. c'$ démontre que lorsque $b' = 90°$, on a aussi $a = 90°$; ce qui veut dire que lorsque le soleil est sur l'équateur, le jour est de 12 h. pour toute la terre.

Le signe — fait voir que le jour est > 12 h., toutes les fois que la latitude du lieu c' et la déclinaison du soleil b' sont toutes les deux boréales ou australes, comme on sait, car alors $a > 90°$.

Il montre aussi que plus les jours sont longs dans un hémisphère, plus ils sont courts dans l'autre, sous les mêmes latitudes.

108 Exemp. IV. Corriger le calcul précédent de l'effet de la réfraction et du demi-diamètre solaire.

Supposant que la réfraction sur l'horizon soit de 32' 20", le centre du soleil sera visible, lorsqu'il sera réellement au-dessous de l'horizon d'une égale quantité. D'où il doit résulter au jour un certain accroissement.

Nous pouvons donc supposer que le côté ZE ait augmenté de 32' 20", et chercher, d'après les *analogies différentielles*, de combien P a augmenté par suite,

Puisque 32' 20" est un arc très-petit, et que son carré 0',304 est une quantité insensible dans la question actuelle, je puis me servir de ces analogies. Puis,

---

(*) Ceux qui ignorent les principes de la sphère peuvent omettre ces exemples, ou les considérer seulement sous le point de vue analytique, comme une simple résolution de triangles.

j'observe que les parties constantes sont ZP et Z, un côté et un angle adjacent : cela me conduit à la division I. J'écris a sur l'angle Z, b vis-à-vis de ZP, et j'aurai (90)

$$dc = dc' \frac{\sin. b}{\sin. a'}.$$

Comme b n'est pas donné, je le remplace par sa valeur en c, et j'ai

$$dc = dc' \frac{\sin. c \sin. b'}{\sin. a' \sin. c'}, \text{ ou } d. P = Ee \frac{\sin. P \sin. ZP}{\sin. PE},$$

parce que sin. $c' = 1$.

Calculant par logarithmes, et ajoutant le complément log. 15 pour réduire de suite en temps, j'ai

$$
\begin{array}{lr}
\text{L. } Ee \ (\ 32',333 \ ) \ \ldots\ldots\ldots\ldots\ldots & 1,5096460 \\
\text{L. P. } \ \ldots\ldots \ (\ 68^\circ\ 28'\ 32'',\ 5 \ ) \ . & 9,9686053 \\
\text{L. sin. ZP (cos. } 40\quad 12\quad 30 \quad). & 9,8829220 \\
\text{C. L. sin. PE (cos. } 23\quad 27\quad 45 \quad). & 0,0374787 \\
\text{C. L. 15. } \ldots\ldots\ldots\ldots\ldots\ldots & 8,8239087 \\
\hline
\text{L. } d. \text{ P. } \ldots\ldots\ldots\ldots\ldots\ldots & 0,2225627 \\
\end{array}
$$

$$d. \text{ P } = 1',669.$$

Le double de cette quantité est ce dont le jour s'accroît par suite de la réfraction.

Nous aurions pu faire attention à l'effet du demi-diamètre solaire et à la réfraction tout à la fois, en faisant $Ee = 32',333 + 15',762$ valeur du demi-diamètre à cette époque; mais nous parviendrons au même résultat, en ajoutant au logarithme de d. P, déjà trouvé, la différence des logarithmes de $48',095$ et de $32',333$, ou $0,1724539$.

En opérant ainsi, on trouvera le log. du nouveau $dP = 0,3950166$; d'où $d. \text{ P } = 2',48$.

Le double de cette quantité, ajouté à 14 h. 52' 11'',6, donne le plus grand jour de l'année à Coïmbre $= 14$ h. 57' 9'',6 ; lequel est encore augmenté, comme on sait, par le crépuscule.

Comme la réfraction est très-variable sur l'horizon, le résultat du calcul peut bien différer de celui de l'observation; et il en sera de même, si l'observateur se trouve au-dessous ou au-dessus du vrai horizon.

109. Quelle heure est-il à Coïmbre, lorsque l'Epi de la Vierge est au-dessous de l'horizon, vers l'Orient, 21° 10' 11''?

Soit Z le zénith de Coïmbre, E le lieu de l'étoile, P le pôle du monde. Je cherche dans les tables la déclinaison de l'Epi, et je la trouve, par exemple,

$$= 10^\circ\ 9'\ 52'',8 \text{ A.}$$

J'ai donc PE$=90^\circ + 10^\circ\ 9'\ 54'',8$; ZP $=90^\circ - 40^\circ\ 12'\ 30''$; ZE$=90^\circ - 21^\circ\ 10'\ 11''0$.

On connaît les côtés, et on cherche P.

Ecrivez a à l'endroit de l'angle P (15); b, c sur les deux autres angles, et vous aurez

$$\cos. \tfrac{1}{2} a = \cos. \tfrac{1}{2} P = \sqrt{\left\{ \frac{\sin. \tfrac{1}{2}(a' + b' + c')\, \sin. \tfrac{1}{2}(b' + c' - a')}{\sin. b'\, \sin. c'} \right\}}$$

$$= \sqrt{\left\{ \frac{\sin. 109°\ 23'\ 35'',9.\ \sin. 40°\ 33'\ 46'',9.}{\cos. 10°\ 9'\ 52'',8.\ \cos. 40°\ 12'\ 30''.} \right\}}$$

Calculant par logarithmes

$$
\begin{array}{llr}
\text{L. cos. } 19°\ 23'\ 35'',9 & \ldots\ldots\ldots & 9{,}9746321 \\
\text{L. sin. } 40\quad 33\quad 46\ ,9 & \ldots\ldots\ldots & 9{,}8131031 \\
\text{C. L. cos. } 10\quad\ \ 9\quad 52\ ,8 & \ldots\ldots\ldots & 0{,}0068760 \\
\text{C. L. cos. } 40\quad 12\quad 30\ ,0 & \ldots\ldots\ldots & 0{,}1170760 \\
\hline
\text{L. cos}^2\ \tfrac{1}{2}\ a & \ldots\ldots\ldots & 19{,}9116817 \\
\text{L. cos. } \tfrac{1}{2}\ a & \ldots\ldots\ldots & 9{,}9558408 \\
\end{array}
$$

d'où

$$a = 50°\ 48'\ 17'',6 = 3\ \text{h.}\ 23'\ 13''2.$$

L'Epi devrait donc passer au méridien 3 h. 23' 13",2, après que l'observation de sa hauteur aurait été faite. Et puisque le temps de son passage est connu, l'heure le sera aussi, et on pourra régler la montre d'après laquelle l'instant de l'observation a été marqué.

Nous terminerons cet Essai avec les formules les plus usitées de la Trigonométric. Il est bon de les avoir présentes à l'esprit pendant l'étude de l'Astronomie.

FORMULES USITÉES DE LA TRIGONOMÉTRIE.

$$111.\ \sin. a = 2 \sin. \tfrac{1}{2} a \cos. \tfrac{1}{2} a = \sqrt{(1 - \cos.^2 a)} = \frac{\text{tg.}\ a}{\sqrt{(1 + \text{tg.}^2 a)}}$$

$$= \frac{1}{\sqrt{(1 + \cot.^2 a)}} = \frac{1}{\text{cósec.}\ a}$$

$$112.\ \cos. a = \cos.^2 \tfrac{1}{2} a - \sin.^2 \tfrac{1}{2} a = \sqrt{(1 - \sin.^2 a)} = \frac{1}{\sqrt{(1 + \text{tg.}^2 a)}}$$

$$= \frac{\cot.\ a}{\sqrt{(1 + \cot.^2 a)}} = \frac{1}{\sec.\ a} = \frac{1 - \text{tg.}^2 \tfrac{1}{2} a}{1 + \text{tg.}^2 \tfrac{1}{2} a}$$

$$113.\ \text{tg.}\ a = \frac{2\, \text{tg.}\ \tfrac{1}{2} a}{1 - \text{tg.}^2 \tfrac{1}{2} a} = \frac{\sin.\ a}{\cos.\ a} = \frac{1}{\cot\text{g.}\ a}$$

$$114.\ \cot. a = \frac{1 - \text{tg.}^2 \tfrac{1}{2} a}{2\, \text{tg.}\ \tfrac{1}{2} a} = \frac{\cos.\ a}{\sin.\ a} = \frac{1}{\text{tg.}\ a}$$

$$115.\ \sin. (a \pm b) = \sin. a \cos. b \pm \sin. b \cos. a.$$

$$116.\ \cos. (a \pm b) = \cos. a \cos. b \mp \sin. a \sin. b.$$

$$117.\ \text{tg.}\ (a \pm b) = \frac{\text{tg.}\ a \pm \text{tg.}\ b}{1 \mp \text{tg.}\ a\ \text{tg.}\ b}$$

$$118.\ \cot. (a \pm b) = \frac{1 \mp \text{tg.}\ a\ \text{tg.}\ b}{\text{tg.}\ a \pm \text{tg.}\ b}$$

$$119.\ \sin. 2a = 2 \sin. a \cos. a.$$

$$120.\ \cos. 2a = \cos.^2 a - \sin.^2 a.$$

$$121.\ \text{tg.}\ 2a = \frac{2\, \text{tg.}\ a}{1 - \text{tg.}^2 a} = \frac{2}{\cot. a - \text{tg.}\ a}$$

$$122.\ \cot. 2a = \frac{\cot.^2 a - 1}{2 \cot. a} = \frac{\cot. a - \text{tg.}\ a}{2}$$

$$123.\ \sin. a + \sin. b = 2 \sin. \tfrac{1}{2}(a + b) \cos. \tfrac{1}{2}(a - b)$$

$$124.\ \sin. a - \sin. b = 2 \cos. \tfrac{1}{2}(a + b) \sin. \tfrac{1}{2}(a - b)$$

$$125.\ \cos. a + \cos. b = 2 \cos. \tfrac{1}{2}(a + b) \cos. \tfrac{1}{2}(a - b)$$

$$126.\ \cos. a - \cos. b = -2 \sin. \tfrac{1}{2}(a + b) \sin. \tfrac{1}{2}(a - b)$$

$$127.\ \text{tg.}\ a \pm \text{tg.}\ b = \frac{\sin. a (\pm b)}{\cos. a \cos. b}$$

$$128.\ \cot. a + \cot. b = \frac{\sin. (a + b)}{\sin. a \sin. b}$$

$$129.\ \cot. a - \cot. b = -\frac{\sin. (a - b)}{\sin. a \sin. b}$$

$$130.\ 1 + \sin. a = 2 \sin. (45^\circ + \tfrac{1}{2} a) \cos. (45^\circ - \tfrac{1}{2} a) = 2 \sin.^2 (45^\circ + \tfrac{1}{2} a)$$

$$131.\ 1 - \sin. a = 2 \sin. (45^\circ - \tfrac{1}{2} a) \cos. (45^\circ + \tfrac{1}{2} a) = 2 \sin.^2 (45^\circ - \tfrac{1}{2} a)$$

132. $1 + \cos. a = 2 \cos.^2 \tfrac{1}{2} a.$

133. $1 - \cos. a = 2 \sin.^2 \tfrac{1}{2} a.$

134. $\dfrac{1 + \sin. a}{1 - \cos. a} = \text{tg.} \left(45^\circ + \tfrac{1}{2} a \right)$

135. $\dfrac{1 + \sin. a}{1 + \cos. a} = \dfrac{\sin.^2 \left(45^\circ + \tfrac{1}{2} a \right)}{\cos.^2 \tfrac{1}{2} a}$

136. $\dfrac{1 + \sin. a}{1 - \cos. a} = \dfrac{\sin.^2 \left(45^\circ + \tfrac{1}{2} a \right)}{\sin.^2 \tfrac{1}{2} a}$

137. $\dfrac{1 - \sin. a}{1 - \cos. a} = \dfrac{\sin.^2 \left(45^\circ - \tfrac{1}{2} a \right)}{\sin.^2 \tfrac{1}{2} a}$

138. $\dfrac{1 + \cos. a}{1 - \cos. a} = \cot.^2 \tfrac{1}{2} a.$

139. $\dfrac{1 + \text{tg.} a}{1 - \text{tg.} a} = \text{tg.}\left(45^\circ + a \right) = \dfrac{1}{\text{tg.} \left(45^\circ - a \right)} = \cot. \left(45^\circ - a \right) = \dfrac{\cot. a + 1}{\cot. a - 1}$

140. $2 \sin. a \sin. b = \cos. \left(a - b \right) - \cos. \left(a + b \right)$

141. $2 \sin. a \cos. b = \sin. \left(a - b \right) + \sin. \left(a + b \right)$

142. $2 \cos. a \cos. b = \cos. \left(a - b \right) + \cos. \left(a + b \right)$

VALEURS DES PRINCIPALES FONCTIONS CIRCULAIRES, EN SÉRIES.

143. $a = \sin. a + \dfrac{\sin.^3 a}{2.\,3} + \dfrac{3 \sin.^5 a}{2.\,4.\,5} + \dfrac{3.\,5 \sin.^7 a}{2.\,4.\,6.\,7} + \text{etc.}$

$= \text{tg.} a - \dfrac{\text{tg.}^3 a}{3} + \dfrac{\text{tg.}^5 a}{5} + \dfrac{\text{tg.}^7 a}{7} + \text{etc.}$

$= \dfrac{\text{Log.} \left(\cos. a + \sqrt{-1}.\sin. a \right)}{\sqrt{-1}} = \dfrac{1}{2\sqrt{-1}} \text{Log.} \dfrac{1 + \sqrt{-1}.\text{tg.} a}{1 - \sqrt{-1}.\text{tg.} a}$

144. $\sin. a = a - \dfrac{a^3}{2.3} + \dfrac{a^5}{2.3.4.5} - \text{etc.} = \dfrac{c^{a\sqrt{-1}} - e^{-a\sqrt{-1}}}{2\sqrt{-1}}$ (*)

145. $\cos. a = 1 - \dfrac{a^2}{2} + \dfrac{a^4}{2.3.4} - \dfrac{a^6}{2.3.4.5.6} + \text{etc.} = \dfrac{e^{a\sqrt{-1}} + e^{-a\sqrt{-1}}}{2}$

(*) $e =$ base des logarithmes hyperboliques.

$$146.\ \operatorname{tg}. a = \frac{1}{\sqrt{-1}} \cdot \frac{e^{2a\sqrt{-1}} - 1}{e^{2a\sqrt{-1}} + 1}$$

$$147.\ \cot. a = \frac{(e^{2a\sqrt{-1}} + 1)\sqrt{-1}}{e^{2a\sqrt{-1}} - 1}$$

$$148.\ \sin. na = \frac{e^{na\sqrt{-1}} - e^{-na\sqrt{-1}}}{2\sqrt{-1}} = \frac{(\cos. a + \sqrt{-1}.\sin. a)^n - (\cos. a - \sqrt{-1}\sin. a)^n}{2\sqrt{-1}}$$

$$= \sin. a \left\{ (2\cos. a)^{n-1} - (n-2)(2\cos. a)^{n-3} + \frac{(n-3)(n-4)}{2}(2\cos. a)^{n-5} - \text{etc.} \right\}$$

$$= n\cos.^{n-1} a \sin. a - \frac{n(n-1)(n-2)}{2.\ 3.}\cos.^{n-3} a \sin.^3 a + \text{etc.}$$

$$= n\sin. a - \frac{n(n^2-1)}{2.\ 3}\sin. 3a + \frac{n(n^2-1)(n^2-9)}{2.\ 3.\ 4.\ 5}\sin.^5 a - \text{etc.}$$

$$149.\ \cos. na = \frac{e^{na\sqrt{-1}} + e^{-na\sqrt{-1}}}{2} = \tfrac{1}{2}(\cos. a + \sqrt{-1}.\sin. a)$$

$$+ \tfrac{1}{2}(\cos. a - \sqrt{-1}.\sin. a)^n$$

$$= \cos.^n a - \frac{n(n-1)}{2}\cos.^{n-2} a \sin.^2 a$$

$$+ \frac{n(n-1)(n-2)(n-3)}{2.\ 3.\ 4}\cos.^{n-4} a \sin.^4 a - \text{etc.}$$

$$= \tfrac{1}{2}(2\cos. a)^n - \frac{n}{2}(2\cos. a)^{n-2} + \frac{n(n-3)}{2.\ 3} \cdot (2\cos. a)^{n-4} - \text{etc.}$$

150. $(2 \sin. a)^n = \cos. n (1 - a) + n \cos. \big\{ (n - 2)(1 - a) \big\}$

$$+ n \frac{n-1}{2} \cos. \big\{ (n - 4)(1 - a) \big\} + \text{etc.}$$

151. $(2 \cos. a)^n = \cos. na + n \cos. (n-2) a + n \frac{n-1}{2} \cos. (n-4) a + \text{etc.}$

On peut voir les belles démonstrations de ces valeurs des fonctions circulaires, par De La Grange, dans les Séanc. des Ecol. Norm., t. X.

FIN.

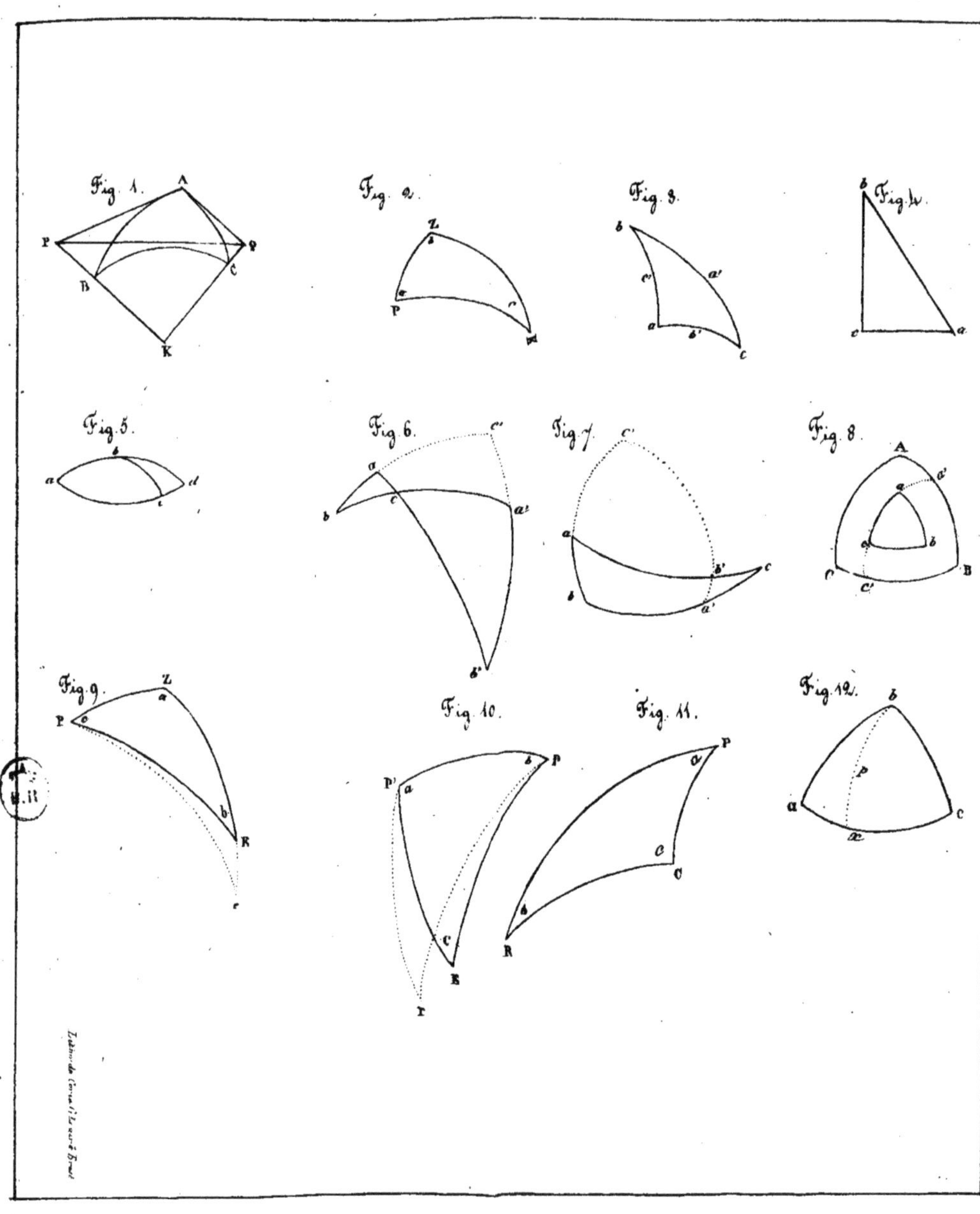

Fig. 1.
Fig. 2.
Fig. 3.
Fig. 4.
Fig. 5.
Fig. 6.
Fig. 7.
Fig. 8.
Fig. 9.
Fig. 10.
Fig. 11.
Fig. 12.